U0570033

全国科技创新中心指数

研究报告

2017-2018

National Science & Technology
Innovation Center Index 2017-2018

郭广生　张士运◎主编

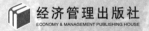

经济管理出版社
ECONOMY & MANAGEMENT PUBLISHING HOUSE

图书在版编目（CIP）数据

全国科技创新中心指数研究报告2017—2018/郭广生，张士运主编．—北京：经济管理出版社，2018.8

ISBN 978 - 7 - 5096 - 5927 - 4

Ⅰ.①全…　Ⅱ.①郭…②张…　Ⅲ.①科技中心—建设—指数—研究报告—2017 - 2018　Ⅳ.①G322

中国版本图书馆CIP数据核字（2018）第173066号

组稿编辑：张巧梅
责任编辑：张巧梅
责任印制：黄章平
责任校对：董杉珊

出版发行：经济管理出版社
　　　　　（北京市海淀区北蜂窝8号中雅大厦A座11层100038）
网　　　址：www.E - mp.com.cn
电　　　话：（010）51915602
印　　　刷：北京玺诚印务有限公司
经　　　销：新华书店
开　　　本：720mm×1000mm/16
印　　　张：6.75
字　　　数：86千字
版　　　次：2018年8月第1版　　2018年8月第1次印刷
书　　　号：ISBN 978 - 7 - 5096 - 5927 - 4
定　　　价：98.00元

成　员

王　健　北京科学学研究中心

庞立艳　北京科学学研究中心

姚常乐　北京科学学研究中心

陈海燕　北京科学学研究中心

李冬梅　北京科学学研究中心

王丽芳　北京科学学研究中心

李京玉　北京科学学研究中心

吕　鑫　北京科学学研究中心

王艳辉　北京科学学研究中心

前　言

2014 年 2 月，习近平总书记在北京视察工作时，明确了北京全国科技创新中心的功能定位，为首都的科技事业指明了方向。中共十九大报告为加快创新型国家建设指明了方向，也为北京推进全国科技创新中心建设提供了根本遵循。建设好全国科技创新中心，服务好创新型国家和科技强国建设，既是首都责任，也是北京内在的发展要求。为了全面反映全国科技创新中心建设的进程与成效，研究小组从 2014 年就展开了全国科技创新中心指数研究工作，努力描绘全国科技创新中心建设的"全景图"，以期为决策提供支撑服务。

本书结合全国科技创新中心的内涵特征与功能，以"集聚力、原创力、驱动力、辐射力、主导力"为框架，以国内外权威指标体系为参考，以国家和北京发展战略目标为依据，以首都特色和国际对标为导向，以数据的可靠性、稳定性和连续性为基础，构建了由 5 个一级指标、16 个二级指标及 36 个三级指标组成的评价体系。本书采用纵向测度的指标体系，根据历史序列数据进行年度间的纵向测度与比较，为保证指数的延续性和年度间的可比性，以2011年为基期，基准分值为100，由此是全面量化反映全国科技创新中心建设进程的综合评价报告。

我们衷心希望通过全国科技创新中心指数年度报告，为社会提供一个认识和评价全国科技创新中心建设状况的窗口，汲取各方面专家学者的宝贵意见，不断地完善全国科技创新中心指数，共同见证全国科技创新中心建设这一伟大历史进程。本书在写作过程中，得到了中国科学技术部、北京市科学技术委员会、北京市统计局、中国科学技术发展战略研究院、国家统计局统计科学研究所、华中科技大学等部门和单位领导、专家学者的热情帮助和悉心指导，谨致以诚挚的感谢。

全国科技创新中心指数研究小组

目　录

Contents

第一章

指数构建

全国科技创新中心评价是一项系统性工作，需要扎实的理论基础、合理的框架体系、科学的评价方法、可靠的基础数据。本书在全国科技创新中心五大核心能力理论的基础上，参考了国内外权威科技创新评价指标体系，全面考虑国家和北京发展战略目标，构建了全国科技创新中心指数。

第一节　构建思路

一是以全国科技创新中心"五力"理论为框架。结合全国科技创新中心的内涵、特征与功能，以"集聚力、原创力、驱动力、辐射力、主导力"为理论基础来构建全国科技创新中心指数，具体设计采用树状评价指标体系。其中，集聚力表现为人、财、机构、环境四方面的创新要素，原创力表现为原创投入和原创产出两方面，驱动力表现为能力和成效两方面，辐射力表现为知识、技术和产业三方面，主导力表现为技术主导、产业主导和创新地位三方面。

图 1 - 1　全国科技创新中心五大核心能力

二是以国内外权威指标体系为参考。充分借鉴硅谷指数、欧洲创新记分牌、全球创新指数等国际知名创新评价指数，以及国家创新指数、中国区域创新能力评价等国内外权威创新评价体系的设计思想、指标选取、评价方法等。

三是以国家和北京发展战略目标为依据。指标体系中 1/3 指标来源于《"十三五"国家科技创新规划》《北京加强全国科技创新中心建设总体方案》《北京市"十三五"时期加强全国科技创新中心建设规划》等文件中设定的科技发展目标，凸显全国科技创新中心的战略定位。

四是以首都特色和国际对标为导向。在具体的指标设置上，既考虑到北京独有的特色指标，如中关村示范区辐射带动指数、六大高端产业功能区对地区生产总值贡献，又注重采用国际通用指标，超 1/2 指标可进行国际对标，如入选自然指数前 500 强研究机构数量及指数、全社会研发经费支出占地区生产总值比重、基础研究经费占全社会研发经费比重、知识密集型服务业增加值占地区生产总值比重等。

五是以数据可靠性、稳定性和连续性为基础。全国科技创新中心指数测算采用数据均来自权威资料或机构，包括《中国科技统计年鉴》《北京统计年鉴》等公开资料，科技部火炬中心、中国科学技术信息研究所、北京市统计局等部门，保障测算结果真实可靠。

第二节　指标体系

（一）选取原则

评价指标体系的评价结果是否客观准确，首先取决于各评价指标所包含的信息是否准确、全面。因此，选取什么指标评价全国科技创新中心建设是建立评价体系的核心，也是评价体系是否科学、客观、可行的关键。因此，在选择评价指标时遵循如下原则：

科学性原则：构建指标体系要从客观出发，运用合理的理论作为依据，同时在对定性指标进行赋值和测算时采用科学方法，从而保证评价结果的真实可靠。

系统性原则：各指标之间具备一定的逻辑性，既能从不同侧面反映全国科技创新中心建设的状况，又能较为准确地反映"五力"之间的内在联系，共同构成一个有机统一体。指标体系的构建具有层次性，自上而下，从宏观到微观层层深入，形成一个不可分割的评价体系。

全面均衡原则：指标体系能够覆盖全国科技创新中心的各个方面，全面考虑各要素之间的关系，各级指标要能对上一级指标进行全面反映。同时还应注意指标层次、指标数量以及绝对量与相对量指标之间的关联等方面的均衡性。

可操作性原则：选取的评价指标不仅应具有代表性，同时指标数据应易于采集，且信息可靠，并易于从时间和空间上进行对比和评价。

（二）构建方法

通过借鉴国内外创新评价体系所采用的评价指标，并结合对集聚力、原创力、驱动力、辐射力和主导力内涵的研究，全国科技创新中心评价采用树状评价指标体系，运用层次分析法由上而下逐层确定指标，最终形成三级指标体系，包括 5 项一级指标、16 项二级指标、36 项三级指标，如表 1 - 1 所示：

表 1 - 1　全国科技创新中心评价指标体系

综合指数	一级指标	二级指标	三级指标
全国科技创新中心指数	集聚力	人才集聚	每万从业人员中研发人员全时当量
			入选全球高被引科学家数
		机构集聚	入选自然指数前 500 强研究机构数量及指数
			国家级高新技术企业数量
			外资研发机构数量
		资本集聚	全社会研发经费支出占地区生产总值比重
			天使投资、VC/PE 投资额
		集聚环境	研发经费加计扣除和高企税收减免额
			公民科学素养达标率
			当年新创办科技型企业数
	原创力	原创投入	基础研究经费占全社会研发经费比重
			规模以上工业企业新产品开发经费投入占主营业务收入比重
		知识创新	SCI 收录论文数
			高被引论文数
		技术创新	万人发明专利拥有量
			工业新产品销售收入占主营业务收入比重

续表

综合指数	一级指标	二级指标	三级指标
全国科技创新中心指数	驱动力	成果转化	技术交易增加值占地区生产总值比重
			高校和科研机构 R&D 经费来自企业比重
			科技服务业收入
		产业优化	高技术产业增加值占地区生产总值比重
			知识密集型服务业增加值占地区生产总值比重
			六大高端产业功能区增加值对地区生产总值贡献
		社会发展	劳动生产率
			PM$_{2.5}$ 年平均浓度
			单位能耗地区生产总值
	辐射力	知识溢出	异省和异国合作科技论文数
			国际科技论文被引频次
		技术流动	输出到京外技术合同成交额占比
			转让/许可使用专利数量
		产业带动	企业在全国设立分支机构数
			中关村示范区辐射带动指数
	主导力	技术主导	PCT 申请量
			技术国际收入总额
		产业主导	世界 500 强企业数量
			高技术产品出口额
		创新地位	全球创新城市排名

5 项一级指标，全面反映全国科技创新中心的核心功能。16 项二级指标，从投入—产出—绩效全链条多角度支撑全国科技创新中心五大核心能力。36 项三级指标，以具体可操作的统计指标真实反映二级指标。

1. 集聚力指标

集聚力把科技创新资源，尤其是"人、财、物"等方面的全球高端创新资源有机地集合到一起，是全国科技创新中心的基础。集聚力表现为四个方面——人才集聚、机构集聚、资本集聚和集聚环境，具体指标设定如下：

（1）人才集聚。科技创新活动涉及方方面面的人才，从人才层次上来看，科技创新人才呈现金字塔结构，大体包括基础性科研人员和高层次人才两大类。基础性科研人员是金字塔的基石，是科技创新活动的根基；高层次人才则是金字塔的塔尖，是科技创新方向的引领者。

每万从业人员中研发人员全时当量：反映了一个国家或地区投入研发活动的人力资本的强度，主要表征全社会支撑科技创新的基础性人力资源。

入选全球高被引科学家数：入选高被引科学家，意味着该学者在其所研究领域具有世界级影响力，其科研成果为该领域发展做出了较大贡献。一个国家或地区拥有的高被引科学家数能够反映其集聚世界级高端人才的能力。

（2）机构集聚。机构集聚反映全国科技创新中心对各类创新组织的集聚能力，企业、高校、科研机构是我国创新体系中的三大主体。入选自然指数前500强研究机构数量及指数表征高校和科研机构的全球竞争力，国家级高新技术企业数量反映综合创新能力较强企业的集聚程度。

此外，外资研发机构已经成为国际竞争的重要形式，是研发全球化的重要体现，逐渐成为国家创新体系的重要组成部分，一定程度上反映对全球高端研发资源的集聚。

（3）资本集聚。资本集聚主要包括研发资本和天使投资、VC/PE 投资两个方面。

全社会研发经费支出占地区生产总值比重反映一个国家或地区对 R&D 活动的经费投入力度，也一定程度上反映了一个国家或地区的科技创新能力潜力和经济发展后劲。

天使投资、VC/PE 投资额反映对社会资本的集聚能力，是市场主导资源配置的体现。

（4）集聚环境。集聚环境主要表现为创新创业的政策环境、人文环境和市场环境三个方面。

研发经费加计扣除和高企税收减免额：对企业创新具有重要促进作用的科技创新财税政策，其落实成效在一定程度上反映该地区支持企业创新的财税政策环境。

公民科学素养达标率：表征科技创新发展的基础人文环境。

当年新创办科技型企业数：一方面反映市场对创新的需求，另一方面反映地区创新创业的活力与能力。

2. 原创力指标

原创力是一个地区科学技术原始性创新的总体能力，既包括对原始创新的投入能力，又包括原始创新的产出能力，因此从投入和产出两个维度设置相关指标。

（1）原创投入。基础研究经费占全社会研发经费比重是国际通用指标，反映一个国家或地区在基础研究领域的投入强度。规模以上工业企业新产品开发经费投入占主营业务收入比重反映企业新产品开发投入强度。

（2）知识创新。科学和技术是科技创新的两个重要方面，科学创新的成果体现为新知识，技术创新的成果则体现为新技术、新产品等。据此，原创产出分为知识创新和技术创新，知识创新下设 2 个三级指标，包括 SCI 收录论文数和高被引论文数。

（3）技术创新。技术创新下设 2 个三级指标——万人发明专利拥有量、工业新产品销售收入占主营业务收入比重，分别反映新技术和新产品产出。

万人发明专利拥有量是衡量一个国家或地区科研产出质量和市场应用水平的通用综合指标。

工业新产品销售收入占主营业务收入比重是衡量产品创新对整个销售收入贡献的重要指标，也在一定程度上反映产品创新周期、更新换代频率和市场竞争力等情况的优劣。

3. 驱动力指标

驱动力是指科技成果转化为现实生产力的能力，包含两个方面的内涵：一是实现科技成果转化的能力，二是科技成果转化促进经济社会发展进步的能力。据此，驱动力下设成果转化、产业优化和社会发展 3 个二级指标。

（1）成果转化。成果转化方面，技术交易直接反映技术成果转移的活跃程度，考虑到驱动力主要反映科技创新对本地区的作用，因此三级指标设置为技术交易增加值占地区生产总值比重、高校和科研机构 R&D 经费、科技服务业收入 3 项。

技术交易增加值占地区生产总值比重是衡量技术交易对经济发展直接贡献的指标。

高校和科研机构 R&D 经费来自企业的比重反映了产学研合作的活跃程度。

科技服务业收入：科技服务业是以技术和知识向社会提供服务的产业，科技服务业收入直接反映知识技术创造的经济价值。

（2）产业优化。一方面从工业和服务业两个维度设置相关指标，反映科技创新对地区产业结构优化提升的促进作用，分别为高技术产业增加值占地区生产总值比重、知识密集型服务业增加值占地区生产总值比重。另一方面从空间维度设置指标——六大高端产业功能区增加值对地区生产总值贡献，反映高端产业对地区经济带动作用。

（3）社会发展。社会发展方面，分别从人力、资源的产出效率以及环境效益等方面设置相关指标，反映科技创新对地区社会发展的推动效果。

劳动生产率是综合表征科技创新、管理创新、制度创新等对生产活动影响的指标，在一定程度上反映社会生产力发展水平。

$PM_{2.5}$年平均浓度一定程度上可反映科技创新对生态环境改善的作用效果。

单位能耗地区生产总值综合反映能源消费所获得的经济成果。

4. 辐射力指标

辐射力是指区域科技创新对周边或者外部地区的发展带动力和综合影响力，主要表现在知识溢出、技术流动和产业带动三个方面。

（1）知识溢出。知识溢出从论文合著和引用两方面设置指标。

异省和异国合作科技论文数反映地区知识创新与其他地区之间的联系。

国际科技论文被引频次反映地区知识创新成果的国际影响力。

（2）技术流动。从技术交易和专利转移两方面设置指标。

输出到京外技术合同成交额占比直接反映北京地区技术交易合同中流向其他地区的情况。

转让/许可使用专利数量从专利角度反映北京地区知识产权运营情况。

（3）产业带动。企业在全国设立分支机构数。产业是企业的集合，企业分支结构数量在一定程度上反映产业带动的热度。中关村示范区辐射带动指数反映中关村国家自主创新示范区助力京津冀协同创新、引领带动全国创新发展的能力。

5. 主导力指标

主导力是全国科技创新中心的终极表现，只有充分发挥全国科技创新中心的主导力，才能具有统筹协调创新资源，引领创新方向的效能。在指标体系中，表现在技术主导、产业主导和创新地位三方面。

（1）技术主导。PCT 申请量是反映国际竞争力的重要指标，在一定程度上成为反映一个国家或地区创新能力、市场占有率以及企业核心竞争力的晴雨表。技术国际收入总额反映地区技术向国外转移转化的状况，在一定程度上反映国家或地区技术在全球的地位。

（2）产业主导。世界 500 强企业数。《财富》世界 500 强排行榜一直是衡量全球大型公司的最著名、最权威的榜单。拥有世界 500 强企业数量是表征一个国家或地区企业全球竞争力的重要指标。高技术产品出口额是反映一个国家或地区产品国际竞争力的重要指标。

（3）创新地位。全球创新城市排名是澳大利亚智库 2thinknow 开展的创新型城市评价研究结果，是反映城市创新综合能力在全球地位的权威指标。到 2014 年覆盖了全球 445 个主要城市，按照创新能力划分为枢纽型城市（Nexus）、中心型城市（Hub）、节点型城市（Node）、有影响力城市（Influencer）和上升型城市（Upstart）五大类。

第三节　评价方法

（一）综合评价方法

多指标综合评价方法，就是把描述评价对象不同方面的多个指标的信息综合起来，并得到一个综合指标，由此对评价对象进行整体上的评判，并进行横向比较或纵向比较。其基本思想是：要反映评价对象的全貌，就必须把多个单项指标组织起来，形成一个包含各个侧面的综合指标。从数学角度看，就是当选定 m 项评价指标 x_1，x_2，x_3，$\cdots$，x_m 时，对 n 个评价对象的运行状况进行分类或排序的问题。

全国科技创新中心评价采用线性综合评价模型：

$$y_i = \sum_{j=0}^{m} w_j x_{ij}$$

式中，x_{ij} 为第 i 个评价对象的第 j 项指标值，w_j 为评价指标 x_j 的权重系数（$w_j \geq 0$，$\sum w_j = 1$），y_i 为第 i（$i = 1$，2，$\cdots$，n）个被评价对象的综合评价值。

（二）指标权重设置

从线性综合评价模型的公式中可以看出，权重是影响综合评价结果的重要因素之一。在多指标的综合加权评价中，确定各项指标的权重是非常关键的环节，对各指标赋权的合理与否，直接关系到分析的结论。确定权重系数的方法很多，归纳起来分为两类，即主观赋权法和客观赋权法。主观赋权法是由评价人员根据各项指标的重要性而人为赋权的一种方法，充分反映了专家的经验。目前，使用较多的是专家咨询法、层次分析法、循环打分法等。客观赋权法是从实际数据出发，利用指标值所反映的客观信息确定权重的一种方法，如因子分析法、主成分分析法、均方差法、相关系数法等。

通过对国内外比较权威的创新评价体系的研究，发现欧洲创新记分牌、全球创新指数、国家创新指数都采用等权重法对指标进行赋权。借鉴国际权威评价体系权重设置方法，并考虑到集聚力、原创力、驱动力、辐射力和主导力对全国科技创新中心建设的作用是均等的，任何一项的缺失或弱化都会导致"木桶效应",因此指标赋权时采用等权重法。

(三)指标无量纲化

在多指标评价体系中,由于各评价指标的性质不同,通常具有不同的量纲和数量级。当各指标间的水平相差很大时,如果直接用原始指标值进行分析,就会突出数值较高的指标在综合分析中的作用,相对削弱数值水平较低指标的作用。因此,为了保证结果的可靠性,需要对原始指标数据进行标准化处理。常用的标准化处理方法主要有以下几类:

(1)Z – score标准化。标准化公式为

$$x' = \frac{x - \bar{x}}{S}$$

式中,$\bar{x}$、S分别是指标观测值x的样本平均值和样本方差。

(2)Min – max标准化。标准化公式为

$$x' = \frac{x - m}{M - m}$$

式中,m、M分别为指标观测值x的最小值和最大值。

(3)极大值标准化。标准化公式为

$$x' = \frac{x}{M} \quad (x > 0)$$

(4)极小值标准化。标准化公式为

$$x' = \frac{x}{m} \quad (x > 0)$$

(5)均值标准化。标准化公式为

$$x' = \frac{x}{\bar{x}}$$

（6）定基比率法。标准化公式为

$$x' = \frac{x}{X_0}$$

式中，X_0 为给定基准数。

全国科技创新中心建设是循序渐进的过程，因此在实证评价中，指数测算与评价采用定基比率法进行基础指标无量纲化处理。

第四节　数据来源

全国科技创新中心指数测算与评价所采用的基础指标都是统计指标，数据主要来源于各类年鉴及报告，如《中国统计年鉴》《中国科技统计年鉴》《中国火炬统计年鉴》《中国科技论文统计与分析》《中国区域创新能力评价报告》《国家知识产权局年度报告》等。

第二章

总体评价

经过几年的建设和发展，全国科技创新中心建设取得了巨大进展，在各个领域都取得了丰硕成果。从全国科技创新中心指数看，综合指数持续增长，集聚力、原创力、驱动力、辐射力和主导力五项指数也表现出不同的增长态势，全国科技创新中心五大核心能力进一步强化。

第一节　综合指数

2011～2016 年，全国科技创新中心综合指数增长态势明显，从 100 增长至 159.6，累计增幅达 59.6。尤其是 2015 年和 2016 年两年，综合指数增长的同时，增幅也明显提升，呈现出快速发展的趋势（见图 2-1）。

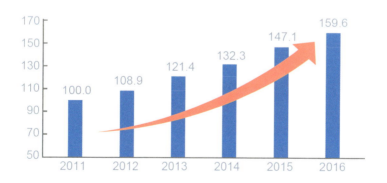

图 2-1　全国科技创新中心综合指数发展情况（2011～2016 年）

第二节 一级指数

全国科技创新中心 5 项一级指数整体呈现上升态势。2016 年，主导力、原创力、辐射力 3 项一级指数得分高于总指数，集聚力和驱动力低于总指数（见图 2 – 2、表 2 – 1）。

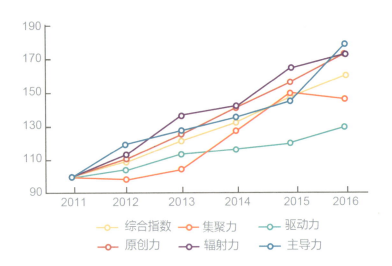

图 2 – 2 全国科技创新中心一级指数发展情况（2011～2016 年）

表 2 – 1 全国科技创新中心总指数和一级指数发展情况（2011～2016 年）

年份	2011	2012	2013	2014	2015	2016
集聚力	100.0	98.2	104.4	127.0	149.6	146.0
原创力	100.0	110.4	125.3	140.9	155.9	173.2
驱动力	100.0	103.6	113.3	116.4	120.0	129.2

续表

年份	2011	2012	2013	2014	2015	2016
辐射力	100.0	112.9	136.5	142.1	164.9	172.9
主导力	100.0	119.3	127.7	135.1	145.2	176.8
总指数	100.0	108.9	121.4	132.3	147.1	159.6

【集聚力】近年来，北京不断地推出人才发展政策，在全球范围内吸引顶尖人才及团队来北京发展，截至 2017 年 5 月底，5 位诺贝尔奖获得者在京设立研究院，领衔开展科学研究和人才培养。截至 2016 年底，北京累计吸引"千人计划"人才 1653 位，占全国的 1/4。随着各类推进高端资源集聚政策的不断出台，全国科技创新中心集聚力指数实现稳定增长，2016 年指数值为 146.0，较 2011 年增长 46.0。

【原创力】随着科技创新能力的不断提升，北京重大原创科技成果不断涌现。"三城一区"建设加快推进，北京作为原始创新策源地的位势更加巩固。2011～2016 年，全国科技创新中心原创力指数累计增长 73.2，2016 年达到 173.2，超出总指数 13.6。

【驱动力】北京深入实施"北京技术创新行动计划""'中国制造'2025 北京行动纲要"，加速构建"高精尖"经济结构。科技成果转化工作稳步推进，"京校十条""京科九条"等政策不断落地，技术市场稳定发展，技术交易成交额继续领跑全国，对经济贡献作用显著。2011～2016 年，全国科技创新中心驱动力指数平稳增长，2016 年达到 129.2。

【辐射力】北京依托"一带一路"倡议、京津冀协同发展战略、长江经济带发展战略等重大发展政策，充分发挥自身优势，搭建跨区域创新合作网络，构建京津冀科技创新园区链，中关村国家自主创新示范区在全国范围内设立分园，全国科技创新中心的辐射带动作用不断发挥。2011～2016年，全国科技创新中心辐射力指数累计增长72.9，2016年达到172.9，超出总指数13.3。

【主导力】北京积极支持"走出去"和"引进来"，在全球范围内积极布局，进一步深入参与国际竞争，在脑科学、石墨烯、5G等前沿技术领域超前部署，不断产出具有世界影响力的成果，在全球创新城市的排名不断提升，逐渐成为全球创新网络的重要枢纽。2011～2016年，全国科技创新中心主导力指数加速提升，指数累计增长76.8，2016年达到176.8，超出总指数17.2。

全国科技创新中心建设取得喜人成绩的同时也面临着一些问题，例如，基础研发人员增长步入瓶颈期，与硅谷、伦敦等世界知名科技创新中心相比在原创成果产出方面还有很大差距，对周边地区的产业发展带动作用还有很大提升空间，知识产权运营能力还有待加强等。因此，进一步促进科技创新与经济社会各方面的深入融合，吸引和聚集全社会乃至全球的力量共同参与全国科技创新中心建设，支撑我国创新型国家和科技强国建设依然是北京的重要使命。

第三章

集聚力评价

集聚力把科技创新资源，包括人才、资本、研发机构、企业等有机地集合到一起，实现全球高端创新资源"聚集、聚合、聚变"，是建设全国科技创新中心的基础。北京科技创新资源优势得天独厚，是全国创新人才、高等院校、科研机构、创新资本最密集的区域。近年来，北京不断出台政策吸引国际高端人才、机构、资本等创新要素，科技创新资源的集聚又迈上一个新的台阶。

第一节 总体情况

2011～2016年，集聚力指数从100上升至146.0，累计提升46.0，其中2014年和2015年快速提升，2016年受资本集聚指数回落的影响出现小幅下滑（见图3-1）。

从4项二级指数看，集聚环境指数发展迅速，累计增长112.2，尤其是从2014年开始加速提升，连续3年增幅在20以上；机构集聚指数累计增长61.8，增长趋势相对平稳；人才集聚指数累计增长9.7，增长相对缓慢；资本集聚指数波动较大，主要受天使投资、VC/PE投资额变动的影响（见图3-2）。

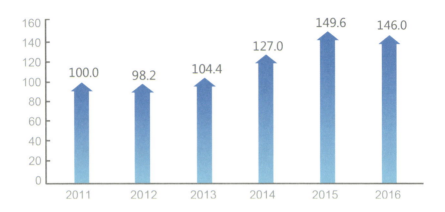

图 3 - 1　集聚力指数发展变化情况（**2011 ~ 2016 年**）

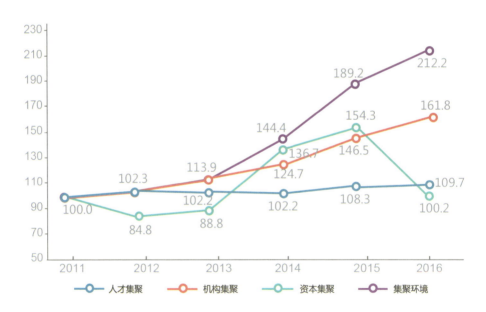

图 3 - 2　集聚力二级指数发展情况（**2011 ~ 2016 年**）

第二节　人才集聚

人才是一座城市的竞争之本、转型之要、动力之源。随着各类人才政策的不断实施，北京的人才发展事业已经站在了一个全新的历史高点。2011～2016 年，北京人才集聚指数从 100 增长至 109.7。

1. 研发人才全国领先

2011～2016 年，每万从业人员中研发人员全时当量从 203.0 人年增长至 207.6 人年，年均增长 0.5%。从发展趋势看，呈现先升后降态势，2012 年达到峰值 213.0 人年（见图 3 - 3）。

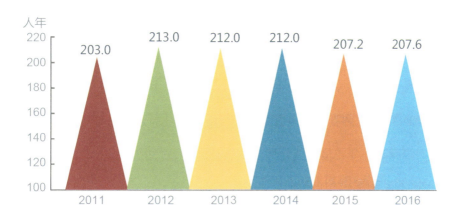

图 3 - 3　北京地区每万从业人员中研发人员全时当量（2011～2016 年）

数据来源：《中国科技统计年鉴》。

从全国来看，2016年北京R&D人员总量排名第五，每万从业人员中研发人员全时当量全国领先（见图3-4）。

图3-4　北京R&D人员情况与主要省市比较（2016年）

数据来源：《中国科技统计年鉴》。

值得注意的是，从R&D人员发展趋势看，北京研发人员增长步入瓶颈期。2001年以来，北京R&D人员增长速度持续放缓。2001~2016年R&D人员年均增长率为6.7%。"十五"时期、"十一五"时期，年均增长率分别为18.0%、4.0%，2011~2016年均增长3.1%。每万从业人员中研发人员全时当量近几年也呈下降趋势。

2. 国际高端人才加速集聚

汤森路透公司从2014年开始发布全球高被引科学家名单。2014~2016年，北京地区入选全球高被引科学家的人数分别是41人、47人和48人。从2016年名单看，中国（不包括港澳台地区）共175位科学家入选，北京地区占全国的27.4%。

北京人才战略始终坚持全球视野，以"海聚工程"为抓手，上承国家"千人计划"，下启中关村"高聚工程"、朝阳区"凤凰计划"、海淀区"海英计划"以及经济技术开发区"新创工程"，引进了一大批国际顶尖人才。通过制定实施《关于引进全球顶尖科学家及其创新团队的实施意见》，北京正加快聚集一批具有世界水平的领衔科学家和创新团队。截至2017年5月底，北京已通过新政为近500名外籍高层次人才办理永久居留"绿卡"，实现了突破性增长。美国斯坦福大学教授崔屹等8位科学家受聘成为首批"中关村海外战略科学家"，5位诺贝尔奖获得者在京设立研究院。截至2016年底，北京通过"千人计划"累计吸引人才1653位，占全国的1/4。

第三节 机构集聚

创新机构是各类创新要素集聚的载体，是开展创新活动、提升创新能力的重要平台。2011～2016年，北京机构集聚指数从100增长至161.8，在四项集聚力二级指标增幅中排名第二位。

1. 全球顶尖研发机构量质齐升

自然指数是依托于全球68本顶级期刊，统计各高校、科研院所在国际上最具影响力的研究型学术期刊上发表论文数量，最终评选出全球研究机构500强，最初于2012年开始公布。

2012～2016年，北京入选自然指数研究机构500强的数量从15家增长至 19 家，WFC 指数①累计提升 605.0 （见图 3 – 5）。2016 年，中国（不包括港澳台地区）共 65 家单位入选，WFC 值合计为 5847.0，北京入选数量占比为 29.2%，WFC 值占比则高达 44.7%。

图 3 – 5　北京地区入选自然指数 500 强研究机构的数量及 WFC 值（2012 ~ 2016 年）

数据来源：nature index 网站。

2. 高新技术企业数量稳步增长

高新技术企业是发展高新技术产业的重要基础，也是调整产业结构、提高国家竞争力的生力军，在我国经济发展中占有十分重要的战略地位，也是各级政府重点鼓励和支持发展的对象。2011 ~ 2016 年，北京地区高新技术企业数量持续高速增长，年均增速达 17.2%，高新技术企业数量全国第二（见图 3 – 6）。

①　自然指数（Nature Index）是自然出版集团于 2014 年 11 月推出的数据库，用以追踪作者或机构在 68 种全球一流期刊的论文发表情况。自然指数主要采用的是加权分数式计量（Weighted Fractional Count/WFC）方法，即为分数式计量增加权重，以调整占比过多的天文学和天体物理学论文。这两个学科有 4 种期刊入选 Nature Index，其发表的论文量约占该领域国际期刊论文发表量的 50%，大致相当于其他学科的 5 倍。因此，尽管其数据编制方法与其他学科相同，但这 4 种期刊上论文的权重为其他论文的 1/5。

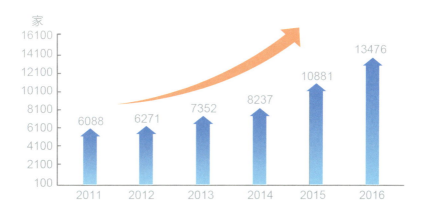

图 3－6 北京地区高新技术企业数量变化情况（2011～2016 年）

数据来源：《中国火炬统计年鉴》。

值得注意的是，全国各省市都非常重视培育和扶持高新技术企业，不断出台优惠政策，尤其是长三角区域和珠三角区域，高新技术企业的发展非常迅猛。从 2011～2016 年重点省市发展趋势看，广东和江苏两省高新技术企业数量快速增长，年均增速分别达到 56.3% 和 37.2%，到 2016 年分别达到 19463 家和 12946 家（见图 3－7）。

3. 外资研发机构数量平稳发展

外资研发机构已经成为研发全球化和国际竞争的重要形式，世界各国对外资研发机构的设立和发展都给予了高度重视，采取税收优惠、财政补贴、优化环境等多种措施来促进外资研发机构的进入和发展。为进一步鼓励外资研发机构在京发展，北京市科委出台了一系列优惠政策，例如外资研发机构在采购国产设备时可享受相关税收优惠，跨国公司总部在京设立的地区总部及其研发机构自建或购买办公用房可享受一次性补助等。

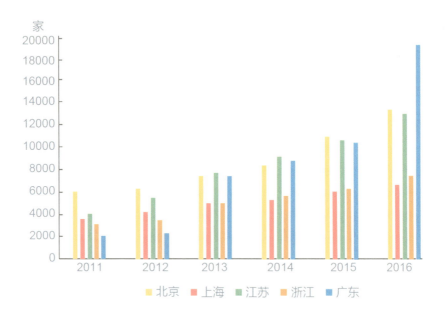

图3-7　重点省市高新技术企业数量变化情况（2011~2016年）

数据来源：《中国火炬统计年鉴》。

　　在各类优惠政策的吸引下，北京地区外资研发机构呈现平稳增长态势，2011~2016年平均增速为6.3%，已成为北京科技创新的重要力量。

第四节　资本集聚

　　资本是创新驱动的关键要素，是创新人才和创新机构得以发挥作用的基础。2011~2016年，北京资本集聚指数波动较大，呈现先升后降态势，其中峰值为2015年的154.3，受天使投资、VC/PE投资额快速回落的影响，资本集聚指数到2016年又回落至100.2，基本与2011年持平。

1. 全社会研发经费投入强度①全球领先

全社会研发经费支出占地区生产总值比重是国际通用反映创新投入的指标，能够较好地评价一个地区科技创新能力和水平。它实际上也是反映结构调整，衡量经济和科技结合、科技经济协作发展的重要指标。《北京市"十三五"时期加强全国科技创新中心建设规划》明确指出：到 2020 年，全社会研究与试验发展（R&D）经费支出占地区生产总值比重保持在 6.0%左右。

北京地区这一指标在全国始终名列第一，在全球也是名列前茅，2011年以来始终保持在 5.7% 以上。2011～2016 年，全社会研发经费投入持续增长，2016 年达到 1484.6 亿元，年均增速达 9.7%；2016 年，全社会研发经费占地区生产总值比重达到 5.96%，较 2011 年提升 0.2 个百分点（见图3－8）。

图 3－8　北京地区全社会 R&D 经费及占地区生产总值比重（2011～2016 年）

数据来源：《中国科技统计年鉴》。

---

① 按照研发经费未资本化核算计入 GDP 核算，来源于《中国科技统计年鉴》（2017）。

从 2016 年全国各省份全社会 R&D 经费投入情况看，北京 R&D 经费投入总量排名第四位，R&D 经费投入强度则遥遥领先（见图 3 - 9）。

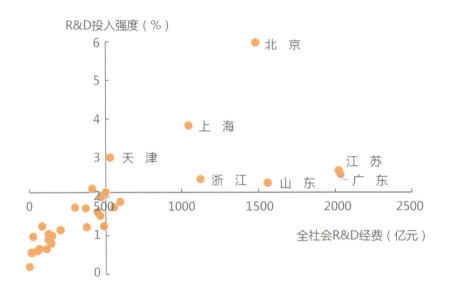

图 3 - 9　全国各省份全社会 R&D 经费及投入强度情况（2016 年）

数据来源：《中国科技统计年鉴》。

2. 天使投资、VC/PE 投资蓬勃发展

创业投资作为一种高能资本，有效地推动了新技术应用、新产品开发、新市场营造和新产业发展，已成为推进创新创业的重要资本力量。

2011 ~ 2016 年，北京地区天使投资、VC/PE 投资额呈现大幅波动，2015 年达到峰值 5254.6 亿元，2016 年又陡降至与 2011 年相当的水平（见图 3 - 10）。

图 3 – 10 北京地区天使投资、VC/PE 投资额变化情况（2011～2016 年）

数据来源：《北京创新驱动发展监测报告》。

第五节 集聚环境

集聚环境是创新主体所处空间范围内各种要素结合形成的关系总和，包括政策体系、体制机制、人文环境等。集聚环境如何，对于能否聚集创新要素、挖掘创新潜能至关重要。

1. 政策环境不断优化

企业研发经费加计扣除政策和高新技术企业税收减免政策是我国促进企业加大研发投入，提高自主创新能力，加快产业结构调整，促进经济平稳发展的税收优惠政策。

北京地区认真贯彻执行国家相关政策法规，通过加强优惠政策宣传、狠抓政策执行落实等多种手段，不断扩大政策的受惠群体，从 2011～2016 年情况看，研发经费加计扣除和高企税收减免额持续增长，年均增长 15.5%，尤其是2015年实现了跃升，同比增速超过50%。

2. 公民科学素质水平提升

公民科学素养达标率是衡量公众文明程度和科技发展水平的重要指标。2011年，北京首次将"公众科学素质达标率"纳入市级综合专项规划——《北京市"十二五"时期科技北京发展建设规划》，作为"十二五"时期科技北京发展建设的10个主要指标之一。《北京市"十三五"时期加强全国科技创新中心建设规划》再次将这一指标纳入，作为衡量全市"十三五"时期科技创新工作的重要指标。

自1997年北京首次开展公民科学素质的调查以来，全市公民科学素质的总体水平呈稳步上升的趋势。2015年，北京具备基本科学素质成人公民的比例为17.6%，位居全国前第二位（上海以18.7%位居第一）。同期，全国公民科学素质的平均水平为6.2%，北京公民具备公民科学素质的比例是全国平均水平的2.8倍。国际可比数据显示，北京公民的科学素质水平已达到了美国1999年的水平（17.3%），并超过了欧盟2005年的水平（13.8%）。

从纵向发展情况看，北京公民1997年具备科学素质的比例仅为4.0%，2002年为6.6%，2007年为9.6%，2013年为12.4%。从1997年至2015年，18年间北京公民具备科学素质的比例增长了3.4倍，年均增长率为8.6%。

3. 创新创业活力逐年增强

当年新创办科技型企业数是表征创新创业活力的重要指标。近年来，北京多举并发推动"大众创业、万众创新"，创新创业热情高涨，为经济社会发展注入新活力。

2011～2016 年，北京地区当年新创办科技型企业数大幅增长，年均增长 21.9%，2016 年超过 8 万家，是 2011 年的 2.7 倍（见图 3 – 11）。截至 2017 年 5 月底，北京地区科技型企业总数已达 44 万家。

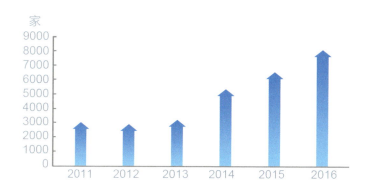

图 3 – 11　北京地区当年新创办科技型企业数情况（2011～2016 年）

数据来源：《北京创新驱动发展监测报告》。

回顾历次科技革命，凡科技创新中心，必是高端人才会聚集之地。结合以上集聚力评价分析，针对北京地区研发人员增速放缓的情况，建议加强高端人才引进与培养并重，构建人才梯队培养体系。建立以基础型人才团队、骨干型人才团队、领军型人才团队的"金字塔"式人才团队结构；完善评价机制、晋升机制和培养机制。建立整个人才梯队的运行和跃迁的包括岗位、职称、学历和荣誉四大通道（见图 3 – 12）。

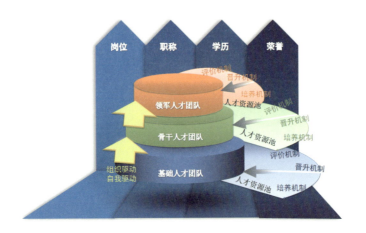

图 3 – 12 人才梯队培养体系

第四章

原创力评价

原创力是建设全国科技创新中心的根基。2011 年以来，北京原创力指数加速提升，原始创新取得了瞩目成绩，北京作为原始创新策源地、自主创新主阵地的位势更加巩固。

第一节　总体情况

2011～2016 年，原创力指数从 100 上升至 173.2，累计提升 73.2，同比增幅持续扩大，2012～2016 年同比分别提升了 10.4、14.9、15.6、15.0 和 17.3，说明北京建设全国科技创新中心的原创能力得到极大提升（见图 4－1）。

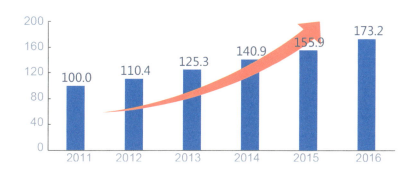

图 4－1　原创力指数发展变化情况（2011～2016 年）

从 3 项二级指数看，知识创新指数发展迅速，累计增长 103.2，其中 2013 年和 2014 年快速提升，连续两年增幅在 27 以上；技术创新指数累计增长 94.5，增幅加速提升，特别是 2016 年增幅高达 33.9；原创投入指数增长相对缓慢，累计增长 21.8，其中 2013 年和 2014 年增幅仅为 1.9 和 1.8（见图 4-2）。

图 4-2　原创力二级指数发展变化情况（**2011~2016 年**）

第二节　原创投入

原创投入是原始创新能力发展的根基，要实现引领性原创成果重大突破，就要稳定持续提高原创投入。2011~2016 年，北京原创投入指数从 100 增长至 121.8，增速远低于知识创新指数和技术创新指数。

1. 基础研究投入强度持续增长

基础研究经费占全社会研发经费比重是国际通用反映原始创新能力的指

标，《北京市"十三五"时期加强全国科技创新中心建设规划》明确指出：到 2020 年，基础研究经费占全社会研发经费比重保持在 13.0% 左右。

2011～2016 年，基础研究经费占全社会研发经费比重从 11.6% 增长至 14.2%，累计提高 2.6 个百分点。从各年变化情况看，2014 年和 2015 年增幅相对较大，均高于 1 个百分点（见图 4－3）。

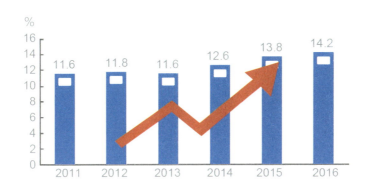

图 4－3　北京地区基础研究经费占全社会研发经费比重（2011～2016 年）

数据来源：《中国科技统计年鉴》。

从全国基础研究资源布局来看，北京始终处于战略高地，基础研究经费总量居全国首位[①]，远高于上海、广东等省份（见图 4－4）。

2. 工业新产品开发投入强度增长趋缓

产品创新是企业生存与发展的关键，工业新产品开发经费投入占主营业务收入比重能直接反映企业新产品开发投入强度。

---

① 发达国家情况：自 2001 年以来美国该比重基本保持在 17%～18%；瑞士为 26%～30%；法国为 23%～25%。

图4-4　京、沪、苏、浙、粤基础研究经费情况（2016年）

数据来源：《中国科技统计年鉴》。

2011～2016年，北京地区工业新产品开发经费投入占主营业务收入比重从1.36%增长至1.64%，累计提高0.28个百分点，整体增长缓慢。从各年变化情况看，2012年和2015年增幅相对较大，其余年份增长不足0.1个百分点，2014年甚至出现负增长（见图4-5）。规上工业企业新产品开发经费支出增速放缓。

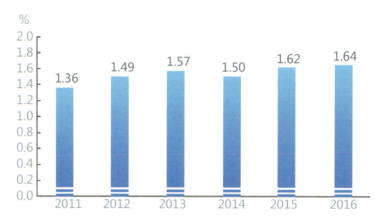

图4-5　北京地区工业新产品开发经费投入占主营业务收入

比重变化情况（2011～2016年）

数据来源：《中国科技统计年鉴》。

第三节　知识创新

知识创新能力是科技创新的上游环节，科技论文作为知识创新成果，是原始创新水平和能力的重要体现。SCI 收录论文数和高被引论文数作为测度知识创新水平的重要指标，直接反映了原始创新能力。2011～2016 年，北京知识创新指数从 100 增长至 203.2，在三项原创力二级指标中排名首位。

1. SCI 收录论文数居全国首位

2010～2015 年，SCI 收录第一作者单位为北京的科技论文数从 2.3 万篇增长至 4.6 万篇，稳居全国首位，是排名第二的江苏省 SCI 论文数的 1.7 倍（见图 4－6）。从各年变化情况看，2010～2015 年的年均增速为 14.7%，其中 2014 年增速最快，达到 21.2%。

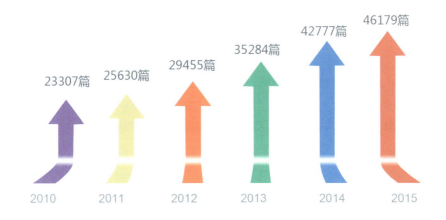

图 4－6　北京地区被 SCI 收录论文数变化情况（2010～2015 年）

数据来源：《中国科技论文统计与分析》。

2. 高被引论文数居于全国首位

高被引论文是指根据同一年同一 ESI 学科统计最近 10～11 年发表论文中被引用次数进入世界前 1% 的论文，即指在同年度同学科领域中被引频次排名位于前 1% 的论文，是汤森路透（Thomson Reuters）集团提出的高影响力研究成果的重要评价指标，目前已被学术界普遍认可。

2011～2016 年，北京地区发表的高被引论文数从 514 篇增长至 1071 篇，年均增长 15.8%。从历史变化情况看，2011～2013 年年均增速较快，为 27.2%，2014 年起增速放缓，2014～2016 年年均增速仅为 4.2%（见图 4－7）。2011 年以来，北京地区发表的高被引论文数占全国比重保持在 30.0% 左右，实现达到《北京市"十三五"时期加强全国科技创新中心建设规划》的目标。

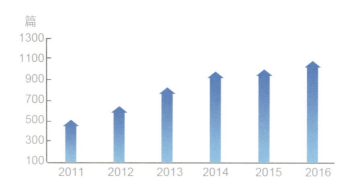

图 4－7　北京地区发表的高被引论文数变化情况（2011～2016 年）

数据来源：首都科技大数据平台。

第四节　技术创新

技术创新是地区科技创新能力的直接体现，反映了地区科研产出能力和科技整体水平。技术创新指数选择万人发明专利拥有量和工业新产品销售收入占主营业务收入比重 2 个三级指标来反映科技创新中心的技术创新能力。2011~2016 年，北京技术创新指数从 100 增长至 194.5，在三项原创力二级指标中排名第二位。

1. 万人发明专利拥有量高速增长

技术创新指数的快速增长得益于发明专利的快速提升。2011~2016 年，北京地区发明专利申请量、授权量表现出强劲的增长势头，年均增速分别达到 18.4% 和 20.7%。《北京市"十三五"时期加强全国科技创新中心建设规划》中明确提出到 2020 年北京原始创新能力显著提高，万人发明专利拥有量达到 80 件的发展目标。从 2011 年以来变化情况看，北京地区万人发明专利拥有量从 26.0 件增长至 76.8 件，年均增长 24.2%，预计可以实现规划目标（见图 4-8）。

与其他专利产出大省份相比，2011 以来，北京地区万人发明专利拥有量表现出明显的领先优势。2016 年，北京万人发明专利拥有量为 76.8 件，是上海的 2.2 倍，相对于 2011 年的年均增速是 24.2%，高于上海 2.7 个百分点（见图 4-9）。

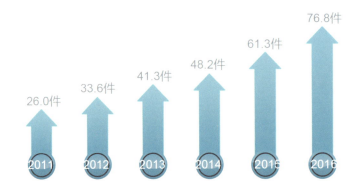

图 4 – 8　北京地区万人发明专利拥有量变化情况（2011～2016 年）

数据来源：《中国科技统计年鉴》。

图 4 – 9　重点省（市）万人发明专利拥有量变化情况

（2011 年、2013 年、2015 年、2016 年）

数据来源：《中国科技统计年鉴》。

2. 工业新产品收入基本平稳

工业新产品销售收入占主营业务收入比重是反映工业企业转方式、调结构的重要指标，可以反映工业企业的创新产出程度。

2011～2016 年，北京地区工业新产品销售收入占主营业务收入比重呈现下滑趋势，从 22.1% 下降至 20.7%。从各年变化情况看，2012 年和 2015 年降幅相对较大，均超过 2.5 个百分点（见图 4－10）。2015 年，北京地区工业新产品销售收入占主营业务收入比重为 18.9%，同期上海、江苏、浙江和广东分别为 21.9%、16.6%、29.8% 和 19.0%，说明北京企业对传统竞争优势的依赖程度仍较高，在将技术创新转化为现实生产力方面仍有待加强。

图 4－10 北京地区工业新产品销售收入占主营业务收入

比重变化情况（2011～2016 年）

数据来源：《中国科技统计年鉴》。

为充分发挥北京原始创新策源地的作用，结合以上原创力评价分析，建议建设科技共同体，营造有利于原始创新的学术环境。科技共同体充分参与科学治理是激发科学家创造力的必要前提，充分发挥科技共同体在创新治理的作用。目前，传统的科技共同体一元结构和"科技共同体—政府"二元线性结构逐渐被科技共同体、政府、企业和公众共同组成的多元网状结构所代替。另外，通过相对明确的法权关系取代科学统治体模式下科技共同体与政府、企业和社会公众等相关者之间界限模糊的各种隶属关系，多元主体共同各司其职、各负其责（见图 4 – 11）。

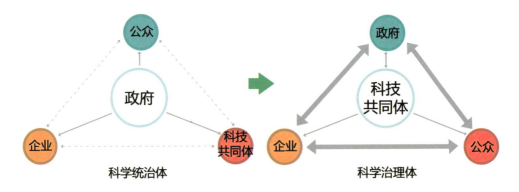

图 4 – 11　科学统治体向科学治理体演变趋势

第五章

驱动力评价

驱动力是科技成果转化为现实生产力的能力，是科技创新中心发展的核心动力。2011 年以来，北京科技改革发展取得显著成绩，成果转化机制逐步完善、"高精尖"产业结构更趋优化，国际一流的和谐宜居之都逐渐显现，已成为我国科技改革的排头兵，创新驱动发展的引领者。

 第一节   总体情况

全国科技创新中心建设的核心就是要塑造更多依靠创新驱动、更多发挥先发优势的引领型发展。2011~2016 年，驱动力指数从 100 上升至 129.2，累计提升 29.2，在 5 项一级指标中提升相对缓慢。其中 2013 年和 2016 年增幅较大，同比分别提升了 9.7 和 9.2（见图 5-1）。

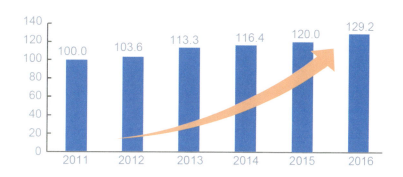

图 5-1   驱动力指数发展变化情况（2011~2016 年）

从 3 项二级指数看，社会发展指数大幅提升，累计增长 45.8，其中 2013 年和 2016 年快速提升，同比增幅均在 12 以上；成果转化指数波动式增长，累计增长 24.2，其中 2013 年快速增长，同比上升 13.5，2014 年下降 0.7，2016 年迅速上升 10.4；产业优化指数平稳上升，累计增长 17.4（见图 5 - 2）。

图 5 - 2　驱动力二级指数发展变化情况（2011 ~ 2016 年）

第二节　成果转化

促进科技成果转移转化是实施创新驱动发展战略的重要任务之一，是加强科技与经济紧密结合，发挥科技创新在经济转方式、调结构方面重要作用的关键环节。2011 ~ 2016 年，北京成果转化指数从 100 增长至 124.2，在三项驱动力二级指标中排名第二位。从具体指标看，高校和科研机构 R&D 经费来自企业比重偏低且呈波动变化，是拉低成果转化指数的重要因素。科技服务业收入的持续增长是拉动指数上升的重要动力。

1. 技术市场发展高度活跃

北京技术交易市场高度活跃，技术市场对转换发展动力和转变发展方式的支撑作用不断提升，对首都经济社会发展的贡献进一步增强。

2011～2016 年，北京地区技术交易增加值占地区生产总值比重从 9.2% 增长至 9.5%，累计提高 0.3 个百分点。从各年变化情况看，2012 年和 2013 年增幅相对较大，随后进入缓慢增长状态（见图 5-3）。

图 5-3　北京地区技术交易增加值占地区生产总值比重变化情况（2011～2016 年）

数据来源：《北京技术市场年报》。

2. 产学研融合发展相对平稳

高校和科研机构 R&D 经费来自企业比重可以反映产学研合作密切程度。

2011～2016 年，北京地区高校和科研机构 R&D 经费来自企业比重从

7.7%增长至8.0%，累计提高0.3个百分点，整体增长缓慢。从各年变化情况看，每年增长均不足0.1个百分点，2012年和2014年甚至出现负增长（见图5-4）。

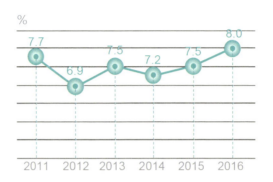

图5-4 北京地区高校和科研机构 R&D 经费来自企业比重变化情况（2011~2016年）

数据来源：《中国科技统计年鉴》。

值得关注的是，2015年北京高校和科研机构 R&D 经费来自企业比重为7.5%，同期上海、江苏、浙江和广东分别为9.3%、18.2%、24.4%和12.9%，可以从一个侧面反映出北京的产学研合作相对松散。导致这一结果的原因是多方面的，如高校绩效考评重学术轻转化、产学研合作利益机制不完善、成果转化激励机制不健全等。随着国家科技经费投入力度的加大，北京高校尤其是央属高校纵向经费较多，在横向经费方面由于没有激励措施，导致科研人员无意承接横向课题。

3. 科技服务业规模快速扩大

科技服务业是为科技创新全链条提供市场化服务的新兴产业，《北京市"十三五"时期加强全国科技创新中心建设规划》明确指出：到2020年，北京市科技服务业收入达到1.5万亿元。

2011～2016年，北京地区科技服务业收入从3812.0亿元增长至6346.9亿元，年均增长10.7%。从各年变化情况看，2013年增长最快，增速达28.3%，2012年和2016年增速也在10%以上，而2015年出现了负增长（见图5-5）。

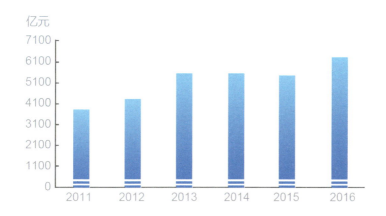

图5-5　北京地区科技服务业收入变化情况（2011～2016年）

数据来源：《北京统计年鉴》。

 **第三节　产业优化**

产业优化是实现高质量发展的关键，也是科技创新中心建设的内在要求。2011～2016年，北京产业优化指数从100增长至118.0，增速低于社会发展指数和成果转化指数。从具体指标看，高技术产业增加值占地区生产总

值比重、知识密集型服务业增加值占地区生产总值比重、六大高端产业功能区增加值占地区生产总值比重三项指标都小幅稳步提升。

1. 高技术产业发展相对平稳

2011～2016年，北京地区高技术产业增加值占地区生产总值比重从19.8%增长至22.7%，累计提高2.9个百分点，整体增长缓慢。从各年变化情况看，2012年增幅最大，其余年份增长不足1个百分点，且增速逐年降低（见图5-6）。

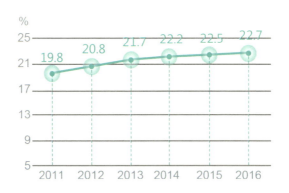

图5-6　北京地区高技术产业增加值占地区生产总值比重变化情况（2011～2016年）

数据来源：《北京统计年鉴》。

2. 知识密集型服务业发展迅猛

知识密集型服务业是由那些依赖专业知识并提供专业服务的公司或组织组成，它们通过对知识的收集、加工和传播参与社会经济活动，其主要任务是在创新过程中提供相关的知识服务。由于知识密集型服务业对其他产业的影响力较大、辐射较强，因此在目前我国新常态的经济形势下，知识密集型服务业已成为经济发展不可或缺的力量。

2011～2016 年，北京地区知识密集型服务业增加值占地区生产总值比重从 37.4% 增长至 44.5%，累计提高 7.1 个百分点，其增长较快。从各年变化情况看，2014 年增长最快，较上年提高了 2.7 个百分点（见图 5 - 7）。

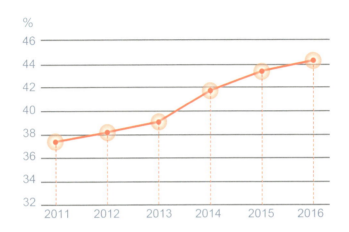

图 5 - 7　北京地区知识密集型服务业增加值占地区生产总值比重变化情况

（2011～2016 年）

数据来源：根据《北京统计年鉴》数据测算。

北京知识密集型服务业增加值占地区生产总值比重居全国首位。2015 年，北京为 43.5%，同期上海、江苏、浙江和广东分别为 30.8%、15.7%、14.7% 和 16.1%。从主要发达国家来看，2001 年以来这一指标稳定在 25%～40%，美国 2014 年达到 39.3%，其次是英国和法国，2014 年比重分别为 36.7% 和 30.4%。

3. 高端产业功能区带动明显

随着现代高端产业聚集，北京市逐步形成了中关村国家自主创新示范区、金融街、北京商务中心区、北京经济技术开发区、临空经济区和奥林匹克中心区六大高端产业功能区。经过十余年发展，六大高端产业功能区以全市7%的平原面积创造了全市48.4%的地区生产总值，高端、高效、高辐射特征凸显。

2011～2016年，北京地区六大高端产业功能区增加值占地区生产总值比重从40.7%增长至48.4%，累计提高7.7个百分点。从各年变化情况看，2012年增幅最大，增长2.6个百分点，随后增速放缓（见图5-8）。

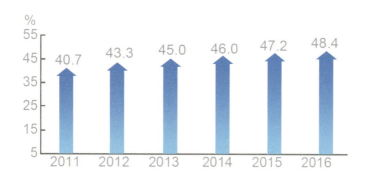

图5-8　北京地区六大高端产业功能区增加值占地区生产总值比重变化情况

（2011～2016年）

数据来源：《北京统计年鉴》。

第四节　社会发展

国际一流、和谐宜居的社会发展环境是集聚国际一流创新企业、创新要素和创新人才的前提。2011年以来，随着产业结构绿色低碳升级、能源结构清洁低碳转型，以及不同功能区差异化降耗等政策措施的推进，北京空气质量整体上持续改善，能源利用效率稳步提高，全员劳动生产率实现平稳快速提升。

2011～2016年，北京社会发展指数从100增长至145.8，在三项驱动力二级指标中排名首位。从具体指标看，劳动生产率、$PM_{2.5}$年平均浓度、单位能耗地区生产总值三项指标贡献相当。

1. 劳动生产率平稳快速提升

创新是科学和技术进入生产的过程，在这个过程中科学和技术提高要素的使用效率，推动经济实现大幅增长。一个经济体如果具有较强的创新能力，那么一定具有较高的生产率。因此，劳动生产率是判断全国科技创新中心的社会发展程度的重要指标。

2011～2016年，北京地区劳动生产率从15.5万元/人增长至20.7万元/人，年均增速6.0%，整体增长迅速（见图5-9）。随着经济结构的不断调整，以及具有更高生产效率的新经济行业的涌现和发展壮大，北京的劳动力配置结构将不断得到优化，进而促进劳动生产率进一步提高。

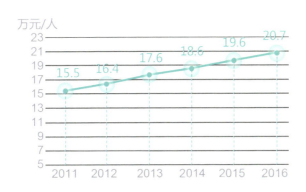

图5-9　北京地区劳动生产率变化情况（2011～2016年）

数据来源：《北京统计年鉴》。

2. 空气质量整体上持续改善

PM$_{2.5}$年平均浓度是指每立方米空气中空气动力学直径小于或等于 2.5 微米的颗粒物含量的年平均值，用于反映空气质量状况，该指标越高，污染越严重。中央为北京制定的细颗粒物（PM$_{2.5}$）阶段性浓度指标红线是到 2017 年达到 60 微克/立方米。

2011～2016 年，北京地区 PM$_{2.5}$年平均浓度从 114 微克/立方米下降至 73.0 微克/立方米，累计降低 36.0%，治霾效果显著。从各年的变化情况看，2013 年治理效果最为明显，同比降低 17.9%（见图 5－10）。

微克/立方米

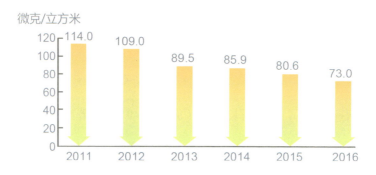

图 5－10　北京地区 PM$_{2.5}$年平均浓度变化情况（2011～2016 年）①

数据来源：国家环保部网站。

3. 能源利用率逐年稳步提高

单位能耗地区生产总值是衡量一个地区能耗水平的综合指标，指消耗一吨标准煤可产生的地区生产总值，可以反映一个地区节能降耗的工作成效。

2011～2016 年，北京地区单位能耗地区生产总值从 2.39 万元/吨标准

———————————

① 2011 年和 2012 年数据为可吸入颗粒物浓度，2013～2016 年数据为 PM$_{2.5}$年平均浓度。

煤增长至 3.52 万元/吨标准煤，年均增长 8.1%，整体呈增长态势。从各年
变化情况看，2016 年增速最快，同比上升 19.0%，其余年份增速在 7% 以
下（见图 5 - 11）。

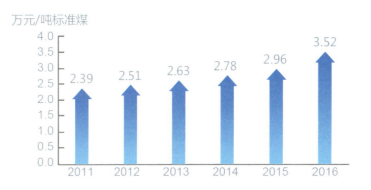

图 5 - 11　北京地区单位能耗地区生产总值变化情况（2011 ~ 2016 年）

数据来源：《北京统计年鉴》。

与其他省市相比，2015 年，北京地区单位能耗地区生产总值约为 3.0
万元/吨标准煤，同期上海、江苏、浙江和广东分别为 2.2 万元/吨标准煤、
2.3 万元/吨标准煤、2.2 万元/吨标准煤和 2.4 万元/吨标准煤，北京能源利
用效率高于其他省市。

良好的创新创业生态系统是硅谷的核心"软实力"。结合驱动力评价对
标硅谷建议：以建立要素聚合、主体协同、文化融合、环境友好的创新创业
生态系统为着力点，进一步促进领军企业、高校院所、高端人才、天使投资
和创业金融、创新创业服务业、创新文化六大要素的融合发展，进一步推动
市场环境、法治环境、政策环境三大环境的优化完善。同时，加强京津冀特
别是雄安新区联动，联合构建创新创业生态系统，打造协同创新共同体，实

现"长板理论","优势互补、合作共赢"（见图 5 – 12）。

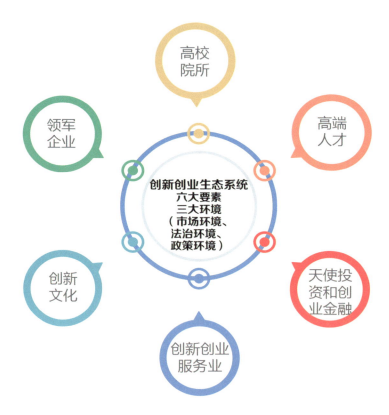

图 5 – 12　创新创业生态系统结构

第六章

辐射力评价

辐射力是科技创新中心形成和发展的必然结果，决定着科技创新中心的地位和作用，是衡量科技创新中心重要性和影响力的关键因素。北京依托"一带一路"倡议以及京津冀协同发展、长江经济带等重大国家战略，充分发挥自身优势，不断提升辐射引领能力。

第一节 总体情况

近年来，北京地区以论文和专利为代表的知识和技术的流动、转移不断加速，企业分支机构在全国加速落地，中关村国家自主创新示范区对全国科技创新的引领作用日益增强，全国科技创新中心辐射力不断提升，2011～2016年，辐射力指数从100上升至172.9，累计提升72.9（见图6-1）。

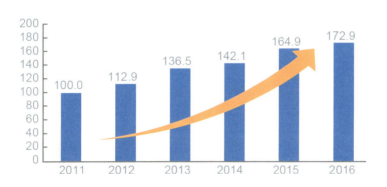

图6-1 辐射力指数发展变化情况（2011～2016年）

从 3 项二级指数看，产业带动指数发展迅猛，累计增长 122.2，尤其从 2014 年开始加速冲高，连续 3 年增幅在 20.0 以上；知识溢出指数也表现出强势增长后劲，累计增长 86.9，2015 年和 2016 年分别增长 23.0 和 22.2，明显高于前几年增长速度；技术流动指数波动较大，主要受转让/许可使用专利数量变动的影响（见图 6－2）。

图 6－2　辐射力二级指数发展情况（2011～2016 年）

第二节　知识溢出

知识溢出是知识外部性的一种体现，对区域经济的共同增长具有重要意义，能够表征一个国家或地区的知识产出对其他国家或地区的影响力。

2011~2016 年，北京知识溢出指数从 100 增长至 186.9。

1. 科技论文合作活动保持稳定

随着科技的进步、全球化趋势的推动，科学家参与科技合作的方式越来越灵活。论文是科学家进行科研活动的成果，论文合著数据表明，依靠科研团队的协作是北京地区科学技术研究活动的重要形式。

2011~2016 年，北京地区异省和异国合作科技论文数发展趋势相对稳定，从 10941 篇增长至 11406 篇，年均增长 0.8%（见图 6-3）。

从全国情况看，北京异省和异国合作科技论文数始终排名首位，2016 年共 14 个省份异省和异国合作科技论文数超过 2000 篇，11 个省份在 1000~2000 篇，6 个省份在 1000 篇以下。

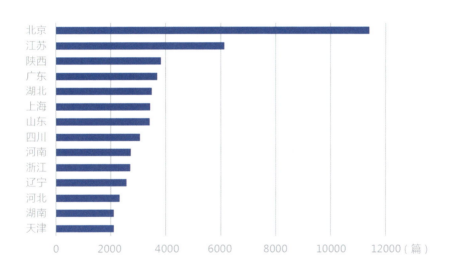

图 6-3 异省和异国合作科技论文数超过 2000 篇的省份情况（2016 年）

数据来源：《中国区域创新能力评价报告》。

2. 国际科技论文全球影响提升

2011～2016 年，北京地区国际科技论文（采用 SCI 论文）被引频次呈现快速增长趋势，2016 年达到 272.4 万次，年均增速达 21.9%。国际科技论文被引频次的快速增长，从一个侧面揭示了北京地区科技论文全球影响力的不断提升。

从全国范围看，北京地区国际科技论文被引频次始终位居全国第一，其中清华大学、北京大学、北京师范大学、北京协和医学院、北京航空航天大学等高校，中国科学院化学研究所、中国科学院物理研究所、军事医学科学院等科研机构是主力军。

第三节 技术流动

科学技术作为独立的生产要素，对经济社会发展的作用日益增强，各个国家和地区也日益重视相互之间的技术交流。北京作为全国科技创新中心，技术产出规模庞大，流向京外的技术源源不断，支撑和引领着全国乃至世界的发展。

1. 北京技术辐射效应明显

输出到京外技术合同成交额占比是衡量北京技术辐射带动作用的指标，也是《北京市"十三五"时期加强全国科技创新中心建设规划》的目标之一，目标提出"输出到京外的技术合同成交额占北京技术合同成交额的比重保持在 70% 左右"。

北京创新资源丰厚，研发实力强大，北京的技术输出与吸纳交易量均稳居全国首位，在全国技术市场体系中发挥着重要影响。北京技术输出的流向分布格局大致稳定，无论是从合同数，还是从成交额的角度来看，北京的技术输出都主要流向京外。数据显示2011年以来，北京地区70%以上的技术辐射到国内其他省区市和国外地区，持续推动首都科技资源向社会开放（见图6-4）。

图6-4　北京输出到京外技术合同成交额情况（2011~2016年）

数据来源：《北京技术市场年报》。

从2016年北京技术交易合同成交额流向看，广东、重庆、湖北、四川、贵州、江苏六省市属于第一梯队，成交额均超过100亿元；河北、福建、山西等13个省份属于第二梯队，成交额在50亿元以上；其他11个省份在50亿元以下。

2. 专利转让/许可保持活跃

专利转让/许可是技术流动、转移的重要渠道，是科技成果得以推广应用，从而促进技术创新提高科技竞争力的重要途径，也是科技创新辐射能力的重要体现。

2011～2016 年，北京地区转让/许可使用专利数量整体呈先升后降态势，2016 年达到 11279 件，年均增速为 4.4%，2013 年达到峰值，为 17771 件（见图 6-5）。

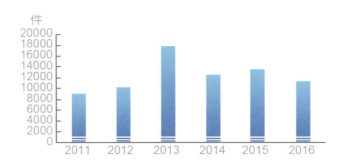

图 6-5　北京地区转让/许可使用专利数量变化情况（2011～2016 年）

数据来源：知识产权出版社。

值得关注的是，从 2011～2015 年北京、上海、江苏、浙江、广东五省市专利转让/许可数量变化情况看，北京年均增速为 10.7%，低于江苏、广东的 16.6%、16.3%。从专利申请人结构看，北京高校和科研机构专利所占比重比较大（截至 2015 年，北京、广东、江苏职务专利授权量中高校和科研机构所占比重分别为 27.9%、6.8%、9.9%，企业所占比重分别为 77.2%、86.4%、91.1%），在一定程度上依然存在重申请轻应用的问题，专利运营能力需进一步加强（见图 6-6）。

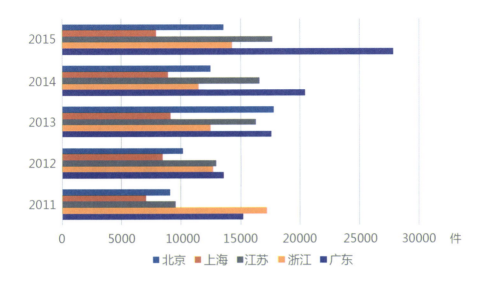

图 6 - 6　京、沪、苏、浙、粤五省市专利转让/许可数量变化情况（2011～2015 年）

数据来源：知识产权出版社。

第四节　产业带动

2011～2016 年，北京经济平稳发展，产业结构不断提升，第一产业、第二产业、第三产业结构由 0.8 : 22.6 : 76.6 优化至 0.5 : 19.3 : 80.2，尤其是科技服务业、信息服务业等高端产业发展迅速，对其他地区形成辐射带动效应。

1. 企业在全国积极布局

2016 年，北京地区企业在全国设立分支机构数合计 32711 个，较上年增加 1558 个，是 2011 年分支机构数的 1.6 倍（见图 6 - 7）。企业在京外设立的分支机构带动了其他地区的产业发展，尤其是对津冀地区的带动作用尤为显著，形成了曹妃甸产城融合发展示范区、新机场临空经济合作区、张承生态功能区、滨海中关村科技园等一批产业园区。

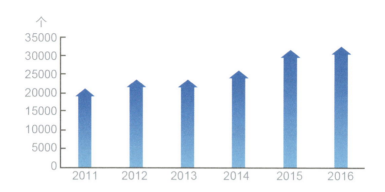

图 6 – 7 北京地区企业在全国设立分支机构情况（2011 ~ 2016 年）

数据来源：首都科技大数据平台。

2. 中关村示范区引领全国

中关村加强整合优质资源，在助力打造京津冀协同创新共同体的同时，引领带动全国创新发展。2011 ~ 2016 年，中关村示范区辐射带动指数持续较快增长，2016 年达 409.6，较上年增长 51.6，是 2011 年的 2.8 倍（见图 6 – 8）。

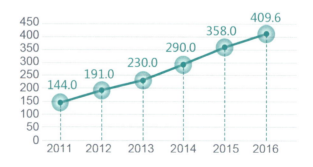

图 6 – 8 中关村示范区辐射带动指数（2011 ~ 2016 年）

数据来源：《中关村指数报告》。

　　中关村示范区大力发挥产业优势，在京津冀和全国范围内发挥辐射引领作用，如在大数据、云计算等技术领域加强与津冀地区的创新合作，如神州数码与秦皇岛、沧州、承德签署了智慧城市战略合作协议，开展公共信息服务平台的建设，打造以"中关村数据研发服务—张家口、承德数据存储—天津数据装备制造"为主线的"京津冀大数据走廊"。

　　为充分发挥全国科技创新中心"辐射引领"的核心功能，综合以上辐射力评价分析，针对北京转让/许可专利下降的现状，建议要加快市场化、专业化服务体系促进技术转移转化。整合科技创新服务资源，培育一批诸如意大利 INNOVA，德国史太白等市场化科技服务机构和服务模式。从研发机构服务创新、金融服务创新、知识产权服务创新、孵化服务创新、条件平台服务创新五方面，实施五位一体的创新创业服务提升战略。加强研究开发、技术转移和融资、检验检测认证、质量标准、知识产权和科技咨询等科技服务平台建设，打造高端创业创新平台。深化"首都科技条件平台"建设，促进重大科研基础设施、大型科研仪器和专利基础信息资源向社会开放。引导科研院所和高等学校为企业技术创新提供支持和服务。加快发展跨区域高端创业孵化平台，构建集创业孵化、资本对接、营销服务等为一体的众创空间，为创新者提供集约化、专业化、社区化的创新创业环境。

第七章

主导力评价

主导力是科技创新中心的终极表现，是衡量一个地区把握关键性资源、掌握主动、引领地区乃至全球科技创新的能力。2011 年以来，全国科技创新中心加速发展，全球瞩目，在世界创新版图中的地位日益凸显。

第一节　总体情况

随着北京地区科技创新能力的不断提升，高水平科技成果不断涌现，企业全球影响力日益扩大，城市国际地位快速提升，对全球科技创新的主导能力逐渐显现。2011～2016 年，主导力指数从 100 上升至 176.8，累计提升 76.8，是 5 项一级指数中提升最快的指数。尤其是 2016 年表现出加速发展态势，指数较 2015 年提升 31.6（见图 7－1）。

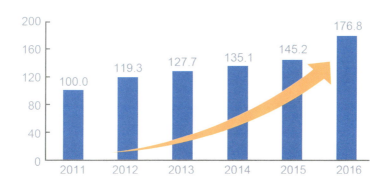

图 7－1　主导力指数发展变化情况（2011～2016 年）

从 3 项二级指数看，技术主导指数快速提升，2011～2016 年累计增长 140.7，尤其从 2016 年实现跨越式增长，较上年提高 53.6；创新地位指数 也表现出强势增长后劲，2011～2016 年累计增长 76.7，2015 年和 2016 年分 别较上年增长 26.5 和 44.2，增速明显提升；产业主导指数先升后降，2011～ 2013 年从 100 提升到 134.7，2016 年回落至 113.1（见图 7 – 2）。

图 7 – 2 主导力二级指数发展变化情况（2011～2016 年）

第二节　技术主导

近年来，北京地区科技实力稳步提升，以 PCT 为代表的国际技术迅速 增长，对外技术出口平稳发展。2011～2016 年，北京技术主导指数从 100

增长至 240.7。

1. PCT 申请量接近翻两番

PCT 国际申请量是全球公认的用来衡量一个国家或地区的企业创新能力，尤其是国际竞争力的重要指标。随着国家和北京地区相继出台一系列促进知识产权事业发展的政策措施，北京的创新环境与市场环境不断改善，各类创新主体的创新活力被激发，PCT 申请量也非常可观。2011～2016 年，北京地区 PCT 申请量以年均 29.0% 的增速高速发展，2016 年达到 6651 件，占全国比重为 15.8%（见图 7 – 3）。

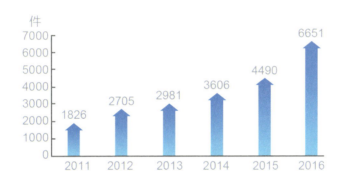

图 7 – 3　北京地区 PCT 申请量变化情况（2011～2016 年）

数据来源：《国家知识产权局年报》。

与国内主要省市相比，北京虽位居全国第二，但与广东的差距很大，2016 年广东是北京的 3.5 倍。从 2011～2016 年的平均增长速度看，北京以 29.0% 在北京、上海、江苏、浙江、广东五省市中位列第二位，江苏以 37.8% 居首，广东以 21.4% 排名第三，上海和浙江相对较低，在 16% 以下（见图 7 – 4）。

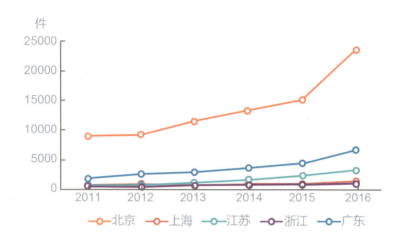

件

图 7 - 4　京、沪、苏、浙、粤 PCT 申请量变化情况（2011 ~ 2016 年）

数据来源：《国家知识产权局年报》。

2. 技术国际收入保持稳定

随着国际经济一体化的发展，我国与其他国家之间的经济交往日益增多，国际贸易的数量和金额都在逐年增长，而与技术有关的无形贸易增长更为迅速。技术国际收支是反映技术贸易的重要指标，而技术国际收入则是反映在技术贸易中出口的情况。

2012 年和 2013 年，北京技术国际收入明显增长，同比分别增长 20.7% 和 13.3%，但在 2015 年和 2016 年出现下滑趋势（见图 7 - 5）。

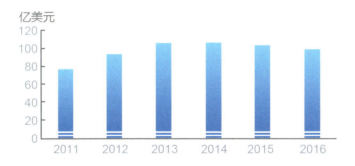

图 7 – 5　北京地区技术国际收入变化情况（2011～2016 年）

数据来源：《中国区域科技创新评价报告》。

第三节　产业主导

　　产业主导是技术、市场、资本等客体要素主导权的综合体现，对产业发展和运行具有强大的影响力、控制力和应变力。产业主导在宏观层面表现为国家或地区对自身产业的规制能力、对全球相关产业规则的制定与执行具有话语权，在微观层面表现为产业内的相关企业能够凭借其对产业高级要素（如技术、人才、品牌、渠道、组织等）的掌控从而控制产业链的高端、取得所属价值网的领导地位，也就是说产业主导最终通过企业实现。北京地区聚集了大批具有世界影响力的总部企业，也培育了滴滴、小米等一批创新型企业，产业发展在全国范围具有一定的主导能力，随着企业国际化水平的提升，开始向全球产业链的高端进军。

1. 世界 500 强企业数量全球第一

"世界 500 强企业"是美国《财富》杂志每年评选的全球最大的 500 家公司。2016 年，北京有 58 家总部企业进入世界 500 强榜单，比 2011 年增加了 17 家（见图 7-6）。北京拥有世界 500 强企业总部数量连续四年居世界城市之首。

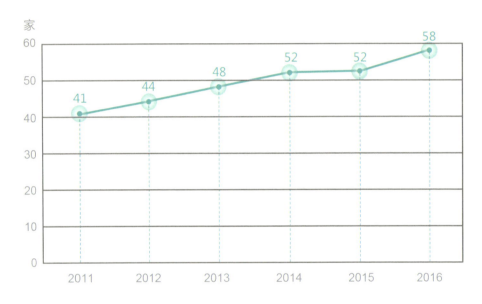

图 7-6　北京地区总部企业进入世界 500 强数量变化情况（2011～2016 年）

"总部经济"是北京经济发展的重要力量，近年来发展迅速。北京市商务委员会数据显示，北京地区外资总部、科技创新型总部、金融和信息总部分别占北京总部企业的 1/7、1/5 和 1/4；第三产业占总部企业的 3/4。世界知名企业在北京设立跨国公司地区总部达到 161 家，其中，国外世界 500 强企业投资的地区总部达 67 家。未来，北京将不断完善促进总部经济发展的政策措施，优化提升总部经济，构建"高精尖"经济结构，做大做强总部经济。

值得关注的是，从北京 500 强企业名单看，主要以中国工商银行、中国人民保险集团股份有限公司等国有金融企业，中国石油天然气集团公司、国家电网公司等国有垄断资源能源类企业，中国兵器工业集团公司、中国航空工业集团公司等军工类企业为主，民营企业鲜见。

2. 高技术产品出口呈下降趋势

高技术产业作为一种新型的、强大的生产力，在当今经济社会中发挥着越来越重要的作用，经济全球化条件下国际贸易和国际投资结构向高级化发展的趋势，也极大地促进了北京地区高新技术产业国际化进程。

2011 ~ 2016 年，北京地区高技术产品出口额呈先升后降趋势，2013 年达到峰值 203.5 万美元，2014 年开始快速回落，至 2016 年跌至近 6 年低谷，仅为 113.2 万美元（见图 7 – 7）。

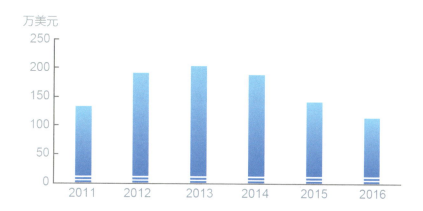

图 7 – 7　北京地区高技术产品出口额变化情况（2011 ~ 2016 年）

数据来源：国家海关总署。

工业产品的创新是影响高技术产品出口的重要因素。从北京地区工业新产品出口情况看，2011 ~ 2016 年逐年走低，2016 年为 277.3 亿元，与 2011 年相比，年均降幅为 15.6%。同期，工业企业新产品出口占全国工业新产品出口的比重也逐年下降，2016 年为 0.8%，比 2011 年下滑了 2.4 个百分点，说明北京地区工业企业创新产出在全国的地位不断下降（见图 7 - 8）。新产品出口情况能够反映企业在国际市场上竞争力的强弱，从目前的情况看，北京地区工业企业要进一步提升在国际市场的地位还需要进一步加快产品创新的步伐。

图 7 - 8　北京地区工业企业新产品出口及占全国比重情况（2011 ~ 2016 年）

数据来源：《中国科技统计年鉴》。

第四节　创新地位

全球创新城市排名是澳大利亚智库 2thinknow 开展的创新型城市评价研究结果。到 2014 年覆盖了全球 445 个主要城市，按照创新能力划分为枢纽型城市（Nexus）、中心型城市（Hub）、节点型城市（Node）、有影响力城市（Influencer）和上升型城市（Upstart）五大类。

2016~2017年，中国40个城市入选2thinknow全球创新城市排行榜，较2012年增加了23个。主要集中在节点型城市，枢纽型城市共3个，分别是北京、上海和香港，三者排名分别为第30位、第32位和第35位。从2011年以来的变化情况看，北京在全球创新城市中的排名一路上扬，从第53位提升至第30位，累计提升23个位次（见图7-9）。

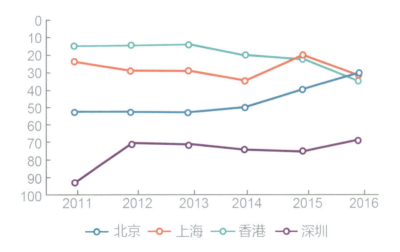

图7-9 北京、上海、香港和深圳全球创新城市排名变化情况（2011~2016年）

数据来源：2thinknow网站。

在研发全球化和国际市场一体化的大趋势下，呈现出以知识产权争夺与竞争为核心的新态势。综合主导力评价分析，针对国际高技术竞争力不足现状，必须大力实施全球化创新战略。一是鼓励企业实施"走出去"战略。加大在京企业设立海外分支、参与国际并购、承接研发外包、获取出口担保、项目考察等方面的资金支持。鼓励企业参加国际标准研究和制定，对企业申请国际知识产权加大支持力度。支持中关村科技园、创业孵化机构在海外建立分园区。二是引导企业加强知识产权运营。通过知识产权运营为企业创新和竞争保驾护航，从而牢牢把握竞争的主动权。北京企业要想"走出去"需要对国外市场状况进行深入分析和研究，对竞争对手专利布局和总体实力做出准确判断，及早进行海外专利布局。三是打造辐射全球的技术转移网络。营造国际化发展环境，大力发展国际性智库，积极推动与国际接轨的创新创业环境建设，形成全球有影响力的创新服务环境。

第八章

指标解释

（1）每万从业人员中研发人员全时当量。在报告年度内一个国家或地区每万名就业人员中研发人员全时当量的比例。该指标反映一个国家或地区投入研发活动的人力资本的强度。

（2）入选全球高被引科学家数。汤森路透公司对21个大学科领域被SCI收录的自然和社会科学领域论文进行分析评估，并将所属领域同一年度他引频次在前1%的论文进行排名统计，得出高被引论文，论文作者即为高被引科学家。入选高被引科学家，意味着该学者在其所研究领域具有世界级影响力，其科研成果为该领域发展做出了较大贡献。一个国家或地区拥有的高被引科学家数能够反映集聚世界级高端人才的能力。

（3）入选自然指数前500强研究机构数量及指数。自然指数是自然出版集团依托于全球68本顶级期刊，统计各高校、科研院所（国家）在国际上最具影响力的研究型学术期刊上发表论文数量的数据库，每年评选并发布全球500强研究机构及指数。自然指数对评价研究机构在国际高水平学术成果产出方面具有重要作用。

（4）国家级高新技术企业数量。根据《高新技术企业认定管理办法》规定，国家高新技术企业是指在《国家重点支持的高新技术领域》内，持续进行研究开发与技术成果转化，形成企业核心自主知识产权，并以此为基础开展经营活动，在中国境内（不包括港、澳、台地区）注册1年以上的居民企业。

（5）外资研发机构数量。外资研发机构是指外国投资者依法设立的、从事自然科学及其相关科技领域的研究开发和试验发展（包括为研发活动服务的中间试验）的机构，研发内容包括基础研究、应用研究、产品开发等方面，外资研发机构的形式既包括外国投资者以合资、合作、独资方式依法设立的独立法人的研发机构，又包括设在外商投资企业内部的非独立法人的独立研发部门或分支机构。外资研发机构已经成为国际竞争的重要形式，是研发全球化的重要体现，逐渐成为国家创新体系的重要组成部分，一定程度上反映对全球高端研发资源的集聚。

（6）全社会研发经费支出占地区生产总值比重。指全社会用于科学研究与试验发展活动的经费支出相当于地区生产总值的比例。该指标不仅是反映创新投入的指标，能够较好地评价一个地区科技创新能力和水平，实际上也是反映结构调整，衡量经济和科技结合、科技经济协作发展的重要指标。

（7）天使投资、VC/PE投资额。天使投资，是权益资本投资的一种形式，是指富有的个人出资协助具有专门技术或独特概念的原创项目或小型初创企业，进行一次性的前期投资。天使投资人又称为生意天使。VC是指由职业金融家投入到新兴的、迅速发展的、有巨大竞争力的企业中的一种权益资本，是以高科技与知识为基础，生产与经济技术密集的创新产品或服务等的投资。PE主要是指创业投资后期，对已经形成一定规模的，并产生稳定现金流的成熟企业的私募股权投资部分。VC/PE投资对一个地区的创新创业发展具有重要作用。

（8）研发经费加计扣除和高企税收减免额。研发费用加计扣除是指依据《中华人民共和国企业所得税法》规定，企业开发新技术、新产品、新工艺发生的研究开发费用，可以在计算应纳税所得额时加计扣除，按照税法规定在开发新技术、新产品、新工艺发生的研究开发费用的实际发生额基础上，再加成一定比例，作为计算应纳税所得额时的扣除数额的一种税收优惠政策。高企税收减免是指依据《高新技术企业认定管理办法》及《国家重点支持的高新技术领域》认定的高新技术企业，可以依照《中华人民共和国企业所得税法》《中华人民共和国企业所得税法实施条例》《中华人民共和国税收征收管理法》《中华人民共和国税收征收管理法实施细则》及地方有关规定享受税收减免。研发加计扣除与高企税收减免政策是具有代表性的与科技创新密切相关的税收政策。研发加计扣除与高企税收减免额这一指标反映了这两项税收减免政策的效果，也表征为企业营造了良好的政策环境。

（9）公民科学素养达标率。是指根据中国公民科学素质调查结果，本市公民具备科学素质的比例，反映公众文明程度和科技发展水平。

（10）当年新创办科技型企业数。科技型企业是指产品的技术含量比较高，具有核心竞争力，能不断推出适销对路的新产品，不断开拓市场的企业。当年新创办科技型企业数是增量概念，表征创新创业活力。

（11）基础研究经费占全社会研发经费比重。基础研究是指为获得新知识而进行的创新性研究，其目的是揭示观察到的现象和事实的基本原理和规律，而不以任何特定的实际应用为目的，其成果以科学论文和科学著作为主要形式。

（12）规上工业企业新产品开发经费投入占主营业务收入比重。该指标能直接反映企业新产品开发投入强度，是用来衡量企业创新能力和创新投入水平的重要指标。

（13）SCI收录论文数。SCI是Science Citation Index的缩写，由美国科

学情报所（ISI，现为汤森路透集团，Thomson Reuters）创制。SCI不仅是功能较为齐全的检索系统，同时也是文献计量学研究和应用的科学评估工具。SCI收录论文数可以反映一国或地区的基础研究实力和在世界科学界的地位。

（14）高被引论文数。高被引论文是指根据同一年同一ESI学科统计最近10～11年发表论文中被引用次数进入世界前1%的论文，即指在同年度同学科领域中被引频次排名位于前1%的论文，是汤森路透集团（Thomson Reuters）提出的高影响力研究成果的重要评价指标，目前已被学术界普遍认可。

（15）万人发明专利拥有量。指每万人拥有经国内外知识产权行政部门授权且在有效期内的发明专利件数，是衡量一个国家或地区科研产出质量和市场应用水平的综合指标。

（16）工业新产品销售收入占主营业务收入比重。新产品销售收入是按国家统计局规模以上工业企业科技活动统计指标中新产品的定义统计的销售收入，与主营业务收入比较可以反映我国工业企业采用新技术原理、新设计构思研制、生产的全新产品，或在结构、材质、工艺等某一方面比原有产品有明显改进，从而显著提高了产品性能或扩大了使用功能的产品对主营业务收入的影响。

（17）技术交易增加值占地区生产总值比重。技术交易增加值占地区生产总值比重是衡量技术交易对经济发展直接贡献的指标。

（18）高校和科研机构R&D经费来自企业比重。指科研机构和高校研发资金中来自企业的资金额。该指标能够反映产学研合作的密切程度，体现企业在本市科技创新体系中的主体地位，且具有良好的国际可比性。

（19）科技服务业收入。《国务院关于加快科技服务业发展的若干意见》（国发〔2014〕49 号）将科技服务业范围确定为科学研究与试验发展服务、专业化技术服务、科技推广及相关服务、科技信息服务、科技金融服务、科技普及和宣传教育服务、综合科技服务七大类。

（20）高技术产业增加值占地区生产总值比重。高技术产业是指制造业中技术密集程度相对较高的行业集合，其特点是技术含量高、产品附加值大、产品生命周期短、开发研制费用大、经济效益好。高技术产业增加值占地区生产总值比重，反映一国或地区的高技术产业发展水平，用来衡量该国或地区经济产出中的技术含量高低和产业结构升级水平。

（21）知识密集型服务业增加值占地区生产总值比重。服务业中金融保险、信息通信、商务服务、研发服务等行业的增加值占地区生产总值的比重，反映一国或地区的知识密集型服务业发展水平，用来测度该国或地区经济产出中的知识含量大小和产业结构升级水平。

（22）六大高端产业功能区增加值占地区生产总值比重。六大高端产业功能区是指中关村国家自主创新示范区、金融街、北京商务中心区、北京经济技术开发区、临空经济区和奥林匹克中心区六大高端产业功能区。六大高端产业功能区增加值占地区生产总值比重，是北京特色指标，反映北京产业结构优化升级、向专业化和价值链高端延伸情况。

（23）劳动生产率。劳动生产率是指劳动者在一定时期内创造的劳动成果与其相适应的劳动消耗量的比值。劳动生产率水平可以用同一劳动在单位时间内生产某种产品的数量来表示，单位时间内生产的产品数量越多，劳动生产率就越高；也可以用生产单位产品所耗费的劳动时间来表示，生产单位产品所需要的劳动时间越少，劳动生产率就越高。

（24）$PM_{2.5}$年平均浓度。$PM_{2.5}$年平均浓度是指每立方米空气中空气动力学直径小于或等于2.5微米的颗粒物含量的年平均值，用于反映空气质量状况，该指标越高，污染越严重。

（25）单位能耗地区生产总值。单位能耗地区生产总值是指每一吨标准煤能源消耗的地区生产总值，用来测度技术创新带来的能源消耗减少的效果，也反映一个地区经济增长的集约化水平。

（26）异省和异国合作科技论文数。异省和异国合作科技论文数反映地区知识创新与其他地区之间的联系。

（27）国际科技论文被引频次。国际科技论文被引频次反映一个国家或地区知识创新成果的国际影响力。

（28）输出到京外技术合同成交额占比。输出到京外技术合同是指北京市向外省市和国外输出的技术合同，输出到京外技术合同成交额占比直接反映技术成果对其他省市和国外的辐射带动作用。

（29）转让/许可使用专利数量。转让/许可使用专利数量从专利角度反映一个国家或地区知识产权运营情况。

（30）企业在全国设立分支机构数。产业是企业的集合，企业分支结构数量在一定程度上反映产业带动的热度。

（31）中关村示范区辐射带动指数。中关村指数是由北京市统计局编制的，其主要目的是综合描述北京市高新技术产业发展状况，总体评价北京市高新技术产业发展水平。中关村指数是由六个分类指数构成，即创新创业环境、创新能力、产业发展、企业成长、辐射带动、国际化。其中，中关村示范区辐射带动指数包括技术辐射和产业辐射两个指标，反映中关村国家自主创新示范区助力京津冀协同创新、引领带动全国创新发展的能力。

（32）PCT 申请量。PCT 申请是指通过《专利合作条约》（PCT）途径提交的国际专利申请。该条约规定，一项国际专利申请在申请文件中制定的每个签字国都有与本国申请同等的效率。通过该条约，申请人只要提交一件专利申请，即可在多个国家同时要求对发明创造进行专利保护。PCT 申请量是国际通用的反映一国或地区创新产出质量和技术国际竞争力的指标。

（33）技术国际收入总额。技术国际收入总额主要指通过向他国转让专利、非专利发明、商标等知识产权，提供 R&D 服务和其他技术服务而获得的收入。技术国际收入总额是衡量一个国家或地区创新国际竞争力的指标之一。

（34）世界 500 强企业数量。"世界 500 强"是对美国《财富》杂志每年评选的"全球最大 500 家公司"排行榜的一种约定俗成的叫法。《财富》世界 500 强排行榜一直是衡量全球大型公司的最著名、最权威的榜单。由《财富》杂志每年发布一次。

（35）高技术产品出口额。高技术产品出口额是根据海关总署《高技术产品目录》从商品出口额中分离出的数据，按原产地进行统计。高技术产品出口额可以反映出一国或地区高技术产品的国际竞争力。

（36）全球创新城市排名。全球创新城市排名是澳大利亚智库 2thinknow

开展的创新型城市评价研究结果，是反映城市创新综合能力在全球地位的权威指标。按照创新能力划分为枢纽型城市（Nexus）、中心型城市（Hub）、节点型城市（Node）、有影响力城市（Influencer）和上升型城市（Upstart）五大类。